Sabrina Mejdoub
Lalla Mariem Cheikh Hamza

Anticorpos anti-centrómero de uso corrente

Sabrina Mejdoub
Lalla Mariem Cheikh Hamza

Anticorpos anti-centrómero de uso corrente

Aspectos técnicos e relevância clínica

ScienciaScripts

Imprint
Any brand names and product names mentioned in this book are subject to trademark, brand or patent protection and are trademarks or registered trademarks of their respective holders. The use of brand names, product names, common names, trade names, product descriptions etc. even without a particular marking in this work is in no way to be construed to mean that such names may be regarded as unrestricted in respect of trademark and brand protection legislation and could thus be used by anyone.

Cover image: www.ingimage.com

This book is a translation from the original published under ISBN 978-620-3-45875-6.

Publisher:
Sciencia Scripts
is a trademark of
Dodo Books Indian Ocean Ltd. and OmniScriptum S.R.L publishing group

120 High Road, East Finchley, London, N2 9ED, United Kingdom
Str. Armeneasca 28/1, office 1, Chisinau MD-2012, Republic of Moldova, Europe
Managing Directors: Ieva Konstantinova, Victoria Ursu
info@omniscriptum.com

Printed at: see last page
ISBN: 978-620-3-50032-5

ANTICORPOS ANTI-CENTRÓMERO DE USO CORRENTE :

ASPECTOS TÉCNICOS E RELEVÂNCIA CLÍNICA

DR. SABRINA MEJDOUB

DR LALLA MARIEM CHEIKH HAMZA

PLANO

INTRODUÇÃO

Os anticorpos antinucleares (ANA) são os auto-anticorpos mais frequentemente prescritos na prática clínica. Estes anticorpos são dirigidos contra diferentes alvos antigénicos no núcleo da célula (1). A sua pesquisa é útil para o diagnóstico das conectivites, que incluem: lúpus eritematoso sistémico (LES), síndrome de Gougerot-Sjögren, esclerodermia sistémica (ES), miopatias inflamatórias idiopáticas e conectivite mista (2).

Os NAA são tradicionalmente detectados em duas fases: uma primeira fase de rastreio por imunofluorescência indireta (IFI) em células Hep-2 que, em caso positivo, permite determinar o título de NAA e o aparecimento de fluorescência, e uma segunda fase de tipagem dos NAA para identificar o(s) alvo(s) antigénico(s) reconhecido(s) por estes Ac (3).

Entre estes NAA, os mAbs anti-centrómero são dirigidos, como o seu nome indica, contra a zona do cromossoma onde, durante a mitose, as duas cromátides irmãs permanecem ligadas antes de se separarem (4). Mais especificamente, os anticorpos anti-centrómero reconhecem várias proteínas do cinetocoro, uma estrutura que permite a fixação dos cromossomas às fibras do fuso mitótico, permitindo-lhes migrar para os dois pólos da célula (4).

Estes Ac anti-centroméricos podem ser identificados por IFI em células Hep-2 utilizando um padrão de fluorescência específico, mas também por outras técnicas que utilizam proteínas centroméricas (CENPs) como antigénios-alvo (Ag) (4)(5).

No que diz respeito ao seu valor clínico, os anticorpos anti-centrómero foram referidos como sendo marcadores específicos de ES; no entanto, a sua especificidade foi contestada por alguns autores (6).

Os objectivos do nosso estudo foram **1**/ avaliar a concordância de duas técnicas imunológicas utilizadas no Laboratório de Imunologia do Hospital Universitário Habib Bourguiba em Sfax (Tunísia) para a deteção de Ac anti-centrómero, nomeadamente IFI em células Hep-2 e immunodot, **2**/ e determinar o significado clínico da positividade dos Ac anti-centrómero detectados por estas técnicas.

DOENTES E MÉTODOS

1. PACIENTES

Realizámos um estudo retrospetivo durante um período de 2 anos (janeiro de 2020 - dezembro de 2021). Entre os pedidos de testes sorológicos para NAAs enviados ao Laboratório de Imunologia do Hospital Universitário Habib Bourguiba em Sfax, foram identificados aqueles que haviam sido submetidos à triagem IFI em células Hep-2 e à tipagem de imunodot. Foram incluídos os doentes com positividade para Ac anticentromérico por IFI e/ou imunodot (Figura 1). Para cada doente incluído, registámos os seguintes dados: sexo, departamento de prescrição, título de NAA, aparecimento de fluorescência e especificidades antigénicas identificadas por imunodot, bem como qualquer informação clínica disponível.

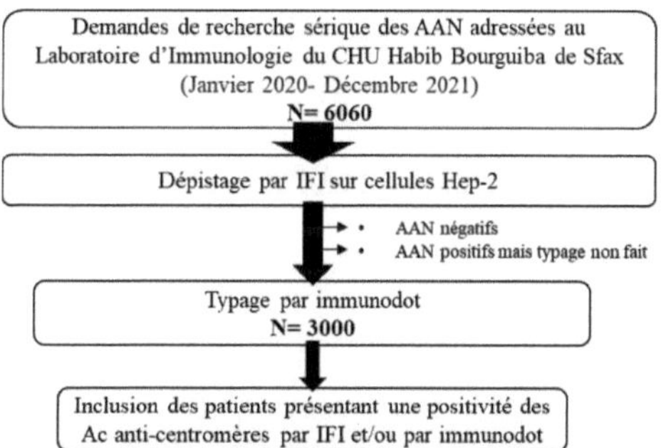

Figura 1: Estratégia de recrutamento da população do estudo

2. MÉTODOS

Para cada doente, foi colhida uma amostra de sangue total num tubo seco e enviada para o laboratório à temperatura ambiente. Após coagulação, a amostra foi centrifugada a 3000 rpm durante 10 minutos. O soro foi decantado para um tubo de hemólise de 5 ml (conservado a +4°C até à análise) e para um eppendorf (conservado a -20°C para reserva/banco de soro).

2.1. Pesquisa de NAAs por IFI em células Hep-2

A deteção sérica de NAA (isótipo IgG) foi efectuada por IFI em células Hep-2 utilizando um kit comercialmente disponível "IIFT: HEp-2" (Euroimmun®, Alemanha).

2.1.1. Princípio

O substrato antigénico fixado nas lâminas corresponde a células Hep-2 "Human epithelioma cells" derivadas de uma linha tumoral de células epiteliais humanas (carcinoma da laringe). Após incubação das lâminas com soro, quaisquer NAAs presentes no soro ligam-se aos seus alvos antigénicos. A reação antigénio Ag-Ac é então revelada por um Ac secundário (anti-IgG) marcado com um fluorocromo (fluoresceína). A leitura é efectuada através de um microscópio de fluorescência. (Figura 2)

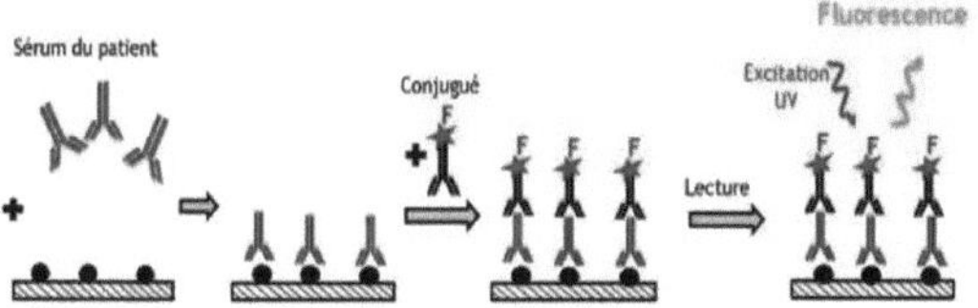

Figura 2: Princípio da imunofluorescência indireta

2.1.2. Como funciona

O teste foi efectuado de acordo com as instruções do fornecedor. As lâminas, o conjugado, os controlos positivo e negativo e o meio de montagem estavam prontos a utilizar. Para preparar o tampão PBS-Tween, dissolve-se uma saqueta de PBS em 1 litro de água destilada, à qual se adicionam 2 ml de Tween 20, agitando-se em seguida durante 20 minutos até homogeneizar.

Os soros dos doentes foram diluídos em tampão PBS-Tween. A diluição inicial foi de 1/160 para os adultos e de 1/80 para as crianças. No caso de um resultado positivo, a titulação do Ac foi efectuada por diluição em cascata até 1/2 (80 → 160 → 320 → 640 → 1280).

Um volume de 30 µl de controlos positivos e negativos, bem como de amostras diluídas, foi depositado nos poços de reação do suporte de reagente (TITERPLANE), evitando bolhas de ar.

As lâminas foram retiradas da embalagem e colocadas, com a face voltada para baixo, no suporte de reagentes, assegurando que cada amostra previamente depositada entrava em contacto com o seu substrato antigénico.

Após 30 minutos de incubação à temperatura ambiente (+18°C a +25°C), as lâminas foram lavadas e depois imersas num tanque de lavagem contendo PBS-Tween sob agitação durante pelo menos 5 minutos.

Em seguida, 25 µl do conjugado (anti-IgG marcado com fluoresceína) foram depositados em cada poço de reação de um suporte de reagente limpo.

As lâminas foram retiradas da cuba de lavagem, uma a uma, limpas (apenas a parte de trás e os lados) com uma compressa e, em seguida, colocadas no suporte de reagentes, verificando se existia um contacto correto entre o conjugado previamente depositado e o substrato antigénico.

Após uma segunda incubação de 30 minutos à temperatura ambiente e no escuro, as lâminas foram enxaguadas e depois imersas num tabuleiro de lavagem recentemente cheio com PBS-Tween, adicionando uma quantidade de azul de Evans (150-200 µl), com agitação, durante pelo menos 5 minutos. Finalmente, colocaram-se lamelas (o número de lâminas utilizado) no suporte de reagentes limpo e gotas de meio de montagem nas lamelas (gotas de, no máximo, 10 μl por poço de reação). As lâminas foram retiradas do tanque de lavagem, limpas e colocadas sobre as lamelas preparadas no suporte de reagentes.

2.1.3. Interpretação

As leituras foram efectuadas com um microscópio de fluorescência (objetiva de 40x). O resultado do rastreio do NAA foi considerado positivo se fosse observada fluorescência nuclear com a diluição inicial (1/160 para adultos, 1/80 para crianças). O título de NAA corresponde ao inverso da última diluição que deu um resultado positivo. Dependendo do tipo de fluorescência nuclear observada, o aspeto foi especificado (Figura 3):

- homogénea: fluorescência uniforme em todo o nucleoplasma. Os nucléolos podem ou não ser marcados, dependendo da preparação celular. As células em mitose (metáfase, anáfase e telófase) têm a sua cromatina intensamente marcada de forma homogénea e hialina.
- salpicado: fluorescência granular de finura e densidade variáveis. Os nucléolos podem ou não estar marcados. A cromatina das células em mitose (metáfase, anáfase e telófase) pode ou não estar marcada.

- nucleolar: fluorescência dos nucléolos; o nucleoplasma pode ser negativo (aspeto nucleolar isolado) ou fluorescente com uma intensidade de fluorescência diferente (combinação de dois aspectos)

- centromérico: Nas células em interfase, estão dispersos cerca de 40 grãos grandes por célula. Nas células em mitose, estes grãos estão alinhados e sobrepostos na cromatina.

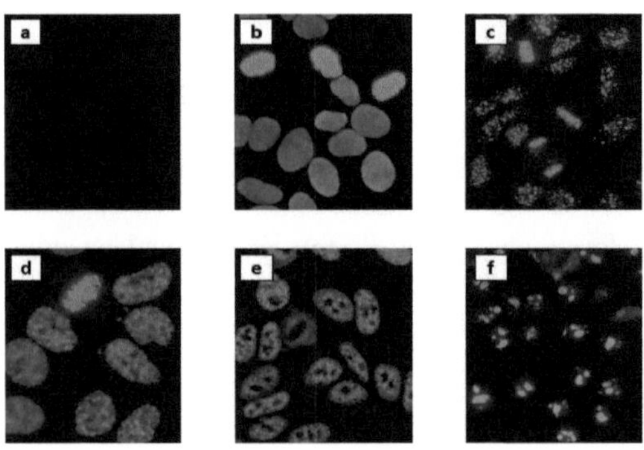

Figura 3: Aspectos da fluorescência nuclear

a: AAN negativo; **b:** aspeto homogéneo; **c:** aspeto centromérico; **d e e:** aspeto mosqueado;

f: aspeto nucleolar

2.2. Tipagem de NAAs por imunodot

Os NAAs foram tipados por imunodot (Kit "Euroline NAA Profile 3 plus DFS70 (IgG)", Euroimmun®, Alemanha).

2.2.1. Princípio

Os alvos antigénicos ligados às tiras de nitrocelulose disponíveis no mercado incluem: nRNP/Sm, Sm, SS-A, Ro-52, SS-B, Scl-70, PM-Scl 100, Jo-1, CENP-B (proteína centromérica B), PCNA, ADN nativo, nucleossomas, histonas, proteína ribossómica P, AMA-M2 e DFS70 (Figura 4). Após incubação das tiras com o soro, qualquer Ac específico presente no soro liga-se aos seus alvos antigénicos. A reação Ag-Ac é então revelada por um Ac secundário (anti-IgG) marcado com uma enzima (fosfatase alcalina). A adição do substrato enzimático permite que, após a reação enzimática, se obtenha um produto colorido que precipita no local da reação Ag-Ac. O resultado é uma banda cuja intensidade de cor é proporcional à concentração do Ac específico. Pode ser lida a olho nu ou com um scanner (Figura 5).

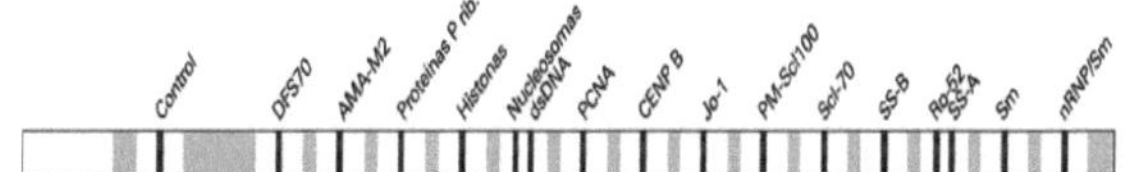

Figura 4: Tira utilizada para a tipagem de NAAs por imunodot

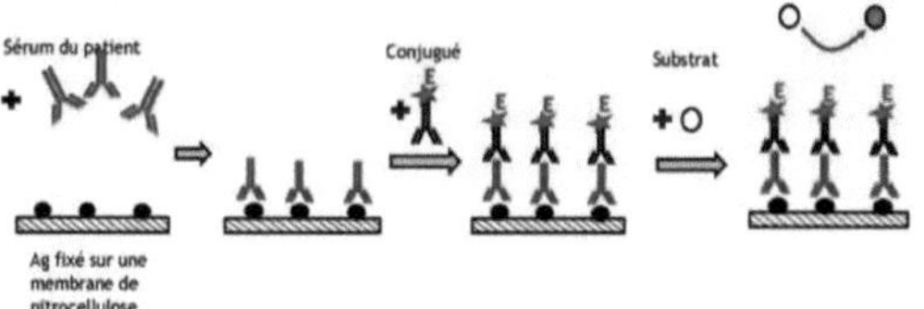

Figura 5: Princípio do imunodot

2.2.2. Como funciona

O teste foi efectuado de acordo com as instruções do fornecedor. Após o pré-tratamento das tiras (incubação com 1,5 ml de tampão de diluição sob agitação durante 5 minutos e depois aspiração), foram adicionados 1,5 ml de soros diluídos (diluição 1:100 com tampão de diluição) a cada poço de incubação e incubados à temperatura ambiente durante 30 minutos com agitação contínua. Seguiu-se uma fase de lavagem em que os soros diluídos foram aspirados de cada alvéolo, tendo sido adicionados 1,5 ml de tampão de lavagem, agitados durante 5 minutos e depois aspirados. Este procedimento foi repetido três vezes. Em seguida, adicionou-se 1,5 ml de conjugado (fosfatase alcalina anti-IgG) a cada alvéolo de incubação e incubou-se à temperatura ambiente durante 30 minutos, com agitação contínua. Após a segunda fase de lavagem (idêntica à primeira), adicionou-se 1,5 ml de substrato enzimático a cada poço de incubação e incubou-se à temperatura ambiente durante 10 minutos, com agitação contínua. Por fim, a reação foi interrompida aspirando o substrato e lavando as tiras 3 vezes com 1,5 ml de água destilada.

2.2.3. Interpretação

O exame foi efectuado utilizando o programa EUROLine Scan. O resultado é semi-quantitativo (Figura 6).

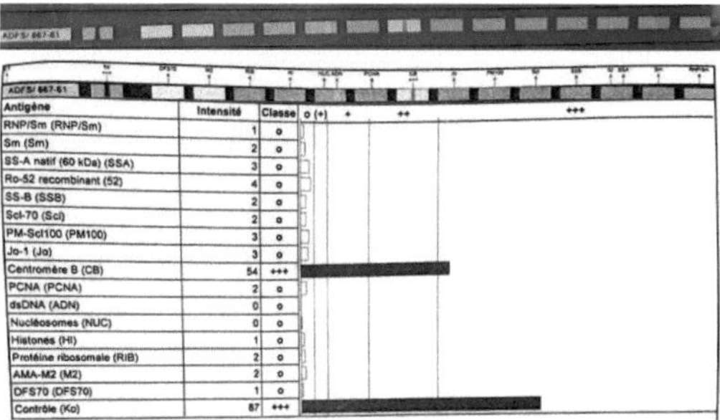

Antigène	Intensité	Classe
RNP/Sm (RNP/Sm)	1	o
Sm (Sm)	2	o
SS-A natif (60 kDa) (SSA)	3	o
Ro-52 recombinant (52)	4	o
SS-B (SSB)	2	o
Scl-70 (Scl)	2	o
PM-Scl100 (PM100)	3	o
Jo-1 (Jo)	3	o
Centromère B (CB)	54	+++
PCNA (PCNA)	2	o
dsDNA (ADN)	0	o
Nucléosomes (NUC)	0	o
Histonés (HI)	1	o
Protéine ribosomale (RIB)	2	o
AMA-M2 (M2)	2	o
DFS70 (DFS70)	1	o
Contrôle (Ko)	87	+++

Figura 6: Exemplo de um resultado de tipagem de AAN por imunodot (Ac +++ anti-centromérico positivo e negatividade das outras especificidades antigénicas testadas)

2.3. Estudo estatístico

A análise estatística foi efectuada com recurso ao Microsoft Excel. O teste do Qui-quadrado foi utilizado para comparar a frequência de uma variável qualitativa entre dois grupos. Um valor de p inferior a 0,05 foi considerado significativo.

RESULTADOS

Durante o período de estudo, foram incluídos 63 casos de positividade do Ac anticentrómero (por IFI e/ou imunodot), ou seja, 2,1% dos pedidos que tinham sido submetidos tanto ao rastreio por IFI em células Hep-2 como à tipagem por imunodot.

1. CARACTERÍSTICAS DEMOGRÁFICAS DA POPULAÇÃO DO ESTUDO

Verificou-se uma clara predominância de mulheres, com um rácio masculino/feminino de 0,12 (Figura 7).

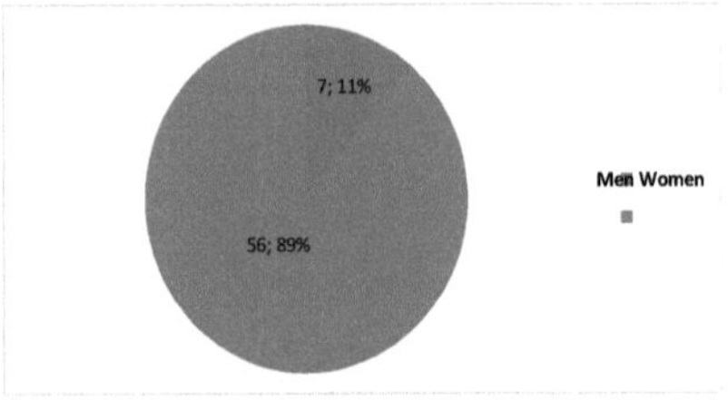

Figura 7: Repartição da população estudada por género

A idade foi especificada em 18 candidaturas. A idade média era de 39,7 anos, com extremos que variavam entre 3 e 65 anos.

2. REPARTIÇÃO DOS CASOS INCLUÍDOS POR DEPARTAMENTO DE PRESCRIÇÃO

A maioria dos casos incluídos foi encaminhada do serviço de medicina interna (31,7%). De notar que 9 casos foram referenciados de uma enfermaria de pediatria. A Figura 8 mostra a distribuição das referenciações por departamento de referência.

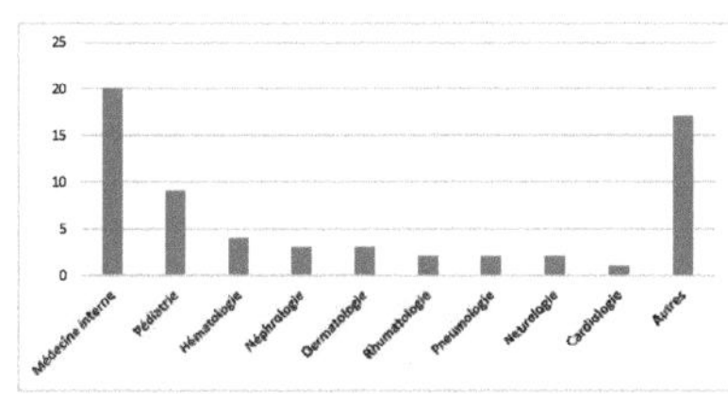

Figura 8: Repartição dos casos incluídos por departamento de prescrição

3. RESULTADOS DO RASTREIO AAN

O Ac anti-centromérico foi detectado por IFI em células Hep-2 em 20 casos (31,7%). Em 3 casos/20, a fluorescência centromérica estava associada a fluorescência nuclear salpicada. Outros aspectos da fluorescência observados foram salpicados (34 casos; 54%), salpicados nucleolares (6 casos; 9,5%) ou homogéneos (3 casos;

4,8%). O título dos NAAs variou de 1/160 (1,5%) a um título maior ou igual a 1/1280 (61,9%). A Figura 9 mostra a distribuição dos casos incluídos de acordo com o título e o aspeto do NAA.

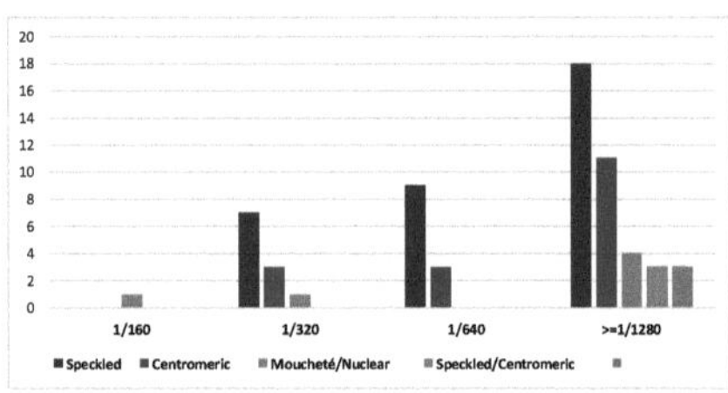

Figura 9: Repartição dos casos incluídos de acordo com o título e o aspeto das AAN

4. RESULTADOS DE DACTILOGRAFIA AAN

Os anticorpos anti-centrómero CENP-B foram detectados por immunodot em 61 casos (96,8%). Estes anticorpos eram fracamente positivos (+: 29 casos), positivos (++: 8 casos) ou fortemente positivos (+++: 24 casos).

Não foi detectada qualquer especificidade para além da CENP-B por imunodot em 30 casos. Nos restantes casos, as especificidades mais frequentemente associadas foram anti-Ro-52 (n=10), anti-SS-A (n=7), anti-M2 (n=7) e anti-DFS70 (n=7). (Figuras 10 e 11)

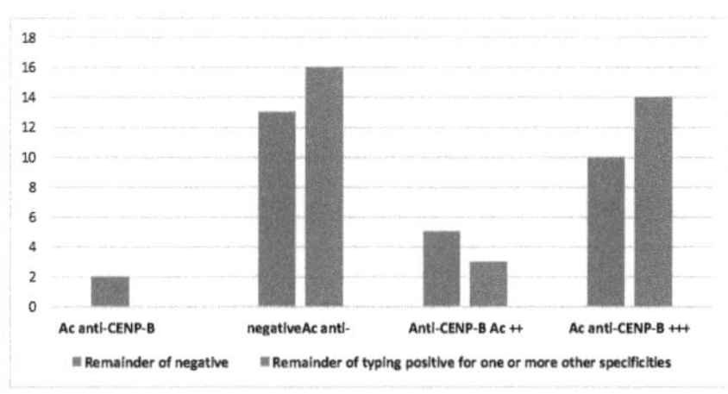

Figura 10: Distribuição dos casos incluídos de acordo com o resultado do imunoensaio anti-centrómero (CENP-B).

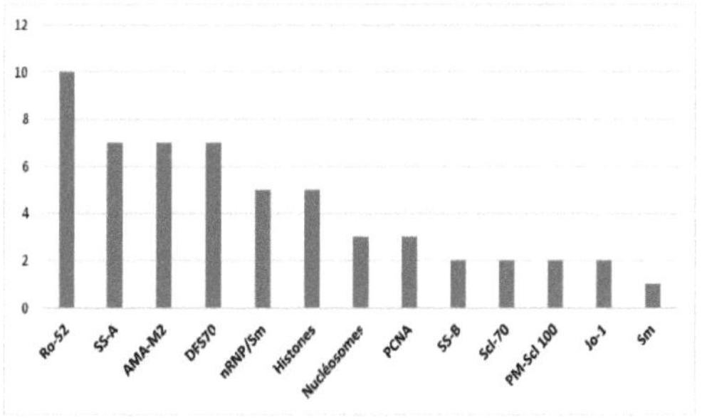

Figura 11: Frequência das especificidades antigénicas (para além da CENP-B) detectadas por imunodot

5. CONFRONTO DOS RESULTADOS DE CA POR IFI E IMUNODOT

A Figura 12 mostra a distribuição dos casos incluídos de acordo com os resultados de Ac anticentrómero por IFI e immunodot. A positividade do Ac anticentrômero por IFI em células Hep-2 foi confirmada pela positividade do Ac anti-CENP-B por immunodot em 18 casos. As discrepâncias foram 2 casos de positividade de Ac anti-centrómero por IFI e negatividade de Ac anti-CENP-B por immunodot, e 43 casos de negatividade de Ac anti-centrómero por IFI e positividade de Ac anti-CENP-B por immunodot.

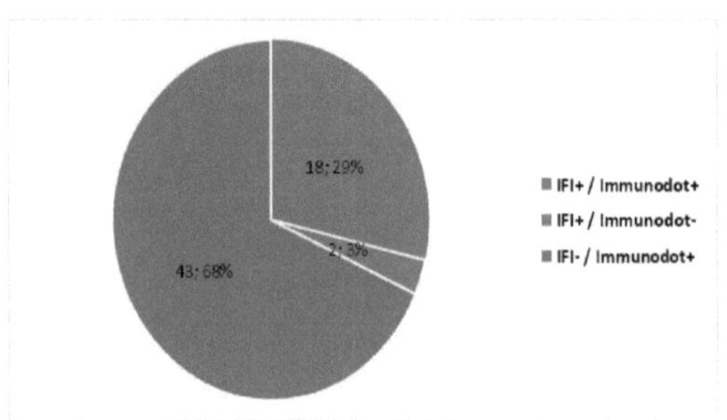

Figura 12: Distribuição da população do estudo de acordo com o resultado do Ac anticentrómero por IFI e imunodot

Para os 2 casos IFI+ / Immunodot-, a aparência centromérica foi observada isoladamente com um título de 1/320 num caso e 1/1280 no outro. A tipagem Immunodot foi negativa para todas as especificidades antigénicas testadas. Entre os casos de positividade de Ac anti-centrómero por imunodot, comparámos os casos concordantes (IFI+ / Imunodot+) e os casos discordantes (IFI- / Imunodot+)

(Quadro I). A positividade do Ac anti-CENP-B em 2 ou 3 cruzes foi significativamente mais frequente nos casos IFI+ (15/18; 83,3%) do que nos casos IFI- (17/43; 39,5%) (p=0,002). Não houve diferença significativa entre os dois grupos no que diz respeito à associação do anti-CENP-B Ac com outras especificidades antigénicas no imunodot (55,6% versus 53,5%; p=0,883).

Tabela I: Comparação dos resultados do rastreio e da tipagem de NAA em doentes com Ac anticentromérico detectado por imunodot e IFI ou apenas por imunodot

	Anticorpos anti-centrómero IFI+ / Immunodot+ (n=18)	Anticorpos anti-centrómero IFI- / Immunodot+ (n=43)
IFI :		
Aspeto das AAN	Cão malhado centromérico: 15 Centromeric spotted dog: 3	Salpicado: 34 Nucleolar salpicado: 6 Homogéneo: 3
Título da AAN		
1/160	0	1 (2,3%)
1/320	2 (11,1%)	8 (18,6%)
1/640	3 (16,7%)	9 (20,9%)
1/1280	13 (72,2%)	25 (58,2%)
Imunodot :		
Anti-CENP-B		
+	3 (16,7%)	26 (60,5%)
++	1 (5,5%)	7 (16,3%)
+++	14 (77,8%)	10 (23,2%)
Outras caraterísticas especiais		
não	8 (44,4%)	20 (46,5%)

um ou mais	10 (55,6%)	23 (53,5%)
Sm/RNP	1 (5,5%)	4 (9,3%)
Sm	0	1 (2,3%)
SS-A	2 (11,1%)	5 (11,6%)
Ro-52	3 (16,7%)	7 (16,3%)
SS-B	1 (5,5%)	1 (2,3%)
Scl-70	0	2 (4,6%)
PM-Scl 100	1 (5,5%)	1 (2,3%)
PCNA	0	3 (7%)
Nucleossomas	0	3 (7%)
Histonas	0	5 (11,6%)
DFS70	2 (11,1%)	5 (11,6%)
Jo-1	1 (5,5%)	1 (2,3%)
AMA-M2	4 (22,2%)	3 (7%)

6. SIGNIFICADO CLÍNICO DA POSITIVIDADE ANTI-CENTRÓMERO AC

A informação clínica estava disponível para 18 doentes. Os principais motivos apontados foram sintomas hematológicos (33%), articulares (27%) e cutâneos (27%) (Quadro II). O diagnóstico de uma doença do tecido conjuntivo (ES, LES, artrite reumatoide) foi efectuado em 3 doentes (Quadro III).

Quadro II: Principais razões invocadas para a prescrição de AAN

Eventos	Número (Percentagem)
Hematológico	6 (33%)
Conjunto	5 (27%)
Pele	5 (27%)
Síndrome seca	4 (22%)
Pulmão	3 (16%)
Renal	3 (16%)
Neurológico	3 (16%)
Hepático	3(16%)
Digestivo	2 (11%)
Muscular	2 (11%)
Serosite	2 (11%)

Quadro III: Perfil dos doentes com um diagnóstico de doença do tecido conjuntivo

Diagnóstico	Género	Idade (anos)	AAN por IFI em células Hep-2	anti-CENP-B por imunodot	Tipagem restante por imunodot
ScS	feminino	20	1/1280 salpicado	+++	Nucleossoma, Histonas, Sm, Sm/RNP, SSA, Ro52, Scl70
LES	feminino	24	1/1280 salpicado	+	Nucleossoma, Histonas, Sm/RNP
Artrite reumatoide	feminino	29	1/1280 salpicado	+	negativo

DISCUSSÃO

Neste estudo, analisámos a positividade do Ac anti-centromérico por IFI e/ou immunodot na prática clínica. Os nossos resultados mostraram uma seroprevalência de 2,1% entre os pedidos de testes de soro para NAA que tinham sido rastreados por IFI em células Hep-2 e tipados por immunodot. Esta frequência é comparável à registada por Kaaouch H et al (11/821; 1,3%) (7) e Pakunpanya K et al (40/3233; 1,23%) (8). Um dos parâmetros que influenciam a frequência de deteção de autoAbs é a técnica utilizada para a sua deteção. No nosso trabalho, os Ac anti-centrómero foram detectados por IFI e/ou imunodot. A IFI em células Hep-2 é o padrão de ouro para a deteção de NAA (9). As células Hep-2 representam o substrato de eleição porque os seus núcleos são grandes, com vários nucléolos, permitindo uma melhor definição dos aspectos da fluorescência nuclear. O esfregaço inclui numerosas células em divisão com células em diferentes fases do ciclo celular, o que facilita a deteção de NAAs dirigidos contra alvos antigénicos presentes apenas em determinadas fases do ciclo celular (centrómero, PCNA, estruturas mitóticas). Além disso, o citoplasma das células é abundante, permitindo a deteção de Ac anticitoplasmáticos (mitocôndrias, ribossomas, etc.). Além disso, as células são fixadas de modo a que os Ag possam ser preservados na sua conformação natural. A IFI em células Hep-2 é, portanto, uma técnica sensível que pode detetar muitos auto-Ag ao mesmo tempo. No entanto, é uma técnica subjectiva e dependente do operador. A fim de harmonizar as diferentes designações e descrições dos aspectos de fluorescência observados, chegou-se a um consenso que levou à distinção de 15 aspectos de fluorescência nuclear (AC-1-AC-14 e AC-29), 9 aspectos de fluorescência citoplasmática (AC-15-AC-23) e 5 aspectos de fluorescência mitótica (AC-24-AC-28) (10). Cada aspeto orienta para um ou mais alvos antigénicos, mas a regra não é absoluta (5)(10). Pode ser observado isoladamente ou em associação com outros aspectos. Ao contrário de outros aspectos da fluorescência nuclear, o aspeto centromérico (AC-3) na IFI permite manter a positividade do Ac anti-centromérico sem necessidade de confirmação por uma técnica mono-específica (10). O Immunodot é um ensaio de imunoabsorção enzimática sensível que detecta vários auto-anticorpos específicos em paralelo, dependendo do número de antigénios diferentes depositados na tira. O kit utilizado no nosso trabalho pode detetar 15 outros tipos de auto-anticorpos para além dos anticorpos anti-CENP-B. Os antigénios utilizados são recombinantes (CENP-B, Ro-52, PM-Scl 100, PCNA, DFS70) ou nativos purificados (nRNP/Sm, Sm, SS-A, SS-B, Scl-70, Jo-1, ADN nativo, nucleossomas, histonas, proteína ribossómica P, AMA-M2) e de origem humana (para os Ag recombinantes) ou animal (para os Ag purificados). A interpretação é facilitada pelo aparecimento de uma banda mais ou menos intensa no local da reação Ag-Ac e torna-se mais objetiva pela leitura dos resultados num scanner. O resultado é semi-quantitativo, em função da intensidade da banda.Entre 3.000 pedidos de testes de soro para NAA que tinham sido rastreados tanto por IFI em células Hep-2 como por imunodotagem, os resultados dos testes para Ac anti-centromérico (por IFI) e anti-CENP-B (por imunodotagem) foram concordantes em 18 casos (positividade de Ac anti-centromérico pelas duas técnicas) e também em 2.937 casos não incluídos no nosso estudo (negatividade de Ac anti-centromérico pelas duas técnicas), i. e., concordância das duas técnicas.ou seja, concordância das duas técnicas em 98,5% dos casos. Os casos de discordância (45 casos, ou seja, 1,5%) corresponderam, na maioria dos casos, a uma negatividade do Ac anti-centromérico no IFI e a uma positividade do Ac anti-CENP-B no imunodot (43 casos/45). Por um lado, isto pode ser explicado pelo facto de um aspeto da fluorescência poder mascarar outro; o aspeto centromérico pode, portanto, ser mascarado por uma fluorescência nuclear salpicada ou homogénea quando esta última é de intensidade idêntica ou superior. Por outro lado, a presença ou ausência de fluorescência centromérica na IFI poderia depender do título de Ac anti-centromérico. De facto, a positividade do Ac anti-CENP-B em 2 ou 3 cruzamentos foi significativamente mais frequente no caso de IFI + do que no caso de IFI-. Os outros casos de discordância, menos frequentes, corresponderam a uma positividade do Ac anti-centromérico por IFI e a uma negatividade do Ac anti-CENP-B por imunodot (2 casos/45). Esta situação pode ser explicada pela presença de anticorpos anti-centrómero com especificidade diferente da proteína centromérica B. De facto, o CENP-B é o principal autoAg reconhecido pelos anticorpos anti-centrómero, o que justifica a sua inclusão no painel "clássico" de Ag testados por rotina para tipagem de AAN. No entanto, outros auto-Ag podem ser reconhecidos por Ac anti-centrómero, nomeadamente CENP-A, CENP-C, CBX5 e MIS12C (11). Kajio et al. identificaram outros alvos antigénicos do Ac anticentromérico, tais como CENP-HIKM, CENP-TWSX, CENP-OPQUR, CENP-LN, NDC80C, KNL1C e o complexo Astrin-SKAP (Figura 13) (12). Estes autores mostraram que 14%-23% dos doentes com ES, síndrome de Gougerot-Sjögren ou cirrose biliar primária tinham autoAb dirigidos contra vários antigénios centroméricos, mas não tinham anticorpos anti-CENP-B (12).

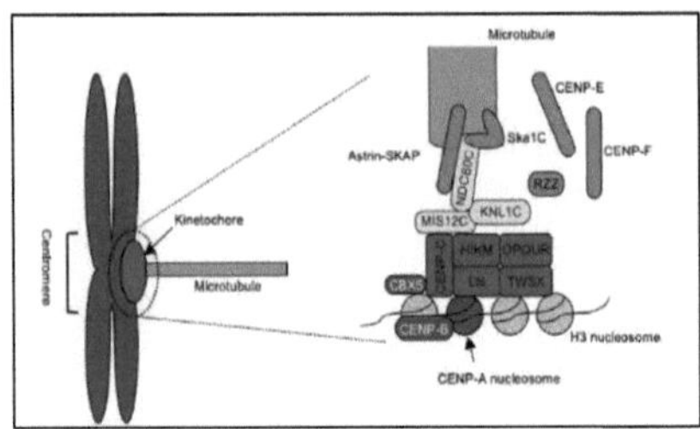

Figura 13: Alvos antigénicos do Ac anticentromérico (12)

Para além do IFI e do immunodot, outras técnicas de deteção de Ac anti-centrómero (anti-CENP-B e/ou anti-CENP-A) incluem o western blot (13) e o ELISA (Enzyme-Linked Immunosorbent Assay) (14)(15). Vários autores compararam estas diferentes técnicas e os diferentes kits existentes no mercado. O grau de concordância varia consoante a população testada e o limiar de positividade considerado (quadro IV).

Quadro IV: Grau de concordância de diferentes técnicas para a deteção de Ac anticentromérico de acordo com os estudos

Estudo	Técnicas /Kits comparados	Concordância (coeficiente kappa de Cohen)
Bost et al, 2021 (16)	*Anti-CENP-A por imunodot e IFI *Anti-CENP-B por imunodot e IFI	0,47 - 0,91 (consoante o grupo de doentes) 0,77 - 0,97 (consoante o grupo de doentes)
Alkema et al, 2021 (15)	*Anti-CENP-A por imunodot: 2 kits diferentes *Anti-CENP-B por imunodot: 2 kits diferentes Anti-CENP-B por imunodot: (1er kit) e anti-CENP-B por ELISA Anti-CENP-B por imunodot: (2ème kit) e anti-CENP-B por ELISA	0.99 0.99 0.96 0.97
Bonroy et al, 2012 (13)	*(Anti-CENP-A ou anti-CENP-B por imunodot) e (IFI ou western blot) *(Anti-CENP-A e anti-CENP-B por imunodot) e (IFI ou western blot)	0.848 0.820
Mahler et al, 2011 (14)	*Anti-CENP-A por ELISA e IFI *Anti-CENP-B por ELISA e IFI *Anti-CENP-A por ELISA e anti-CENP-B por ELISA	0,82 - 0,92 (dependendo do limiar de positividade) 0,54 - 0,93 (consoante o limiar de positividade) 0,55 - 0,91 (dependendo do limiar de positividade)

Para além dos aspectos técnicos, interessava-nos conhecer as caraterísticas clínicas dos doentes com Ac anti-centrómero positivo. Demograficamente, verificámos um claro predomínio do sexo feminino (89%), o que é consistente com os resultados de outros estudos realizados em Marrocos (81,8%) (7), Tailândia (85%) (8), Espanha (90,3%) (17) e Japão (94%) (18). De um modo geral, as doenças auto-imunes caracterizam-se pelo facto de serem mais frequentes nas mulheres do que nos homens (19). Este facto pode ser explicado pela ação das hormonas esteróides sexuais, mas também por factores genéticos ligados ao cromossoma X (19)(20). A idade média dos casos incluídos no nosso estudo foi de 39,7 anos, sendo mais elevada noutros estudos (50 anos no estudo de Kaaouch H et al (7), 60 anos no estudo de Tsukamoto M et al (18), 64 anos no estudo de Alende-Castro V et al (17). É de salientar que, no nosso estudo, foram registados casos pediátricos de positividade do Ac anticentrómero. Clinicamente, os doentes com anticorpos anti-centrómero positivos apresentavam uma variedade de sintomas (articulares, cutâneos, pulmonares, etc.) e eram seguidos principalmente no departamento de medicina interna, mas também por outras especialidades médicas. Desde que foram descritos pela primeira vez em 1980, os anticorpos anti-centrómeros têm sido associados à ES (21); a ES é uma doença autoimune sistémica, pertencente ao grupo das conectivites, com uma expressão clínica heterogénea e a possibilidade de envolvimento de diferentes órgãos. A positividade dos Ac anti-centroméricos faz parte dos critérios de classificação ACR/EULAR para a ES (22). Estes auto-

Ac são detectados em 20-30% dos doentes com ES (23). No entanto, foi comunicada uma frequência mais baixa (6,5%) numa população tunisina (24). Embora a sua sensibilidade seja relativamente baixa, a sua especificidade foi registada como sendo elevada (>95%). (25). No entanto, alguns autores contestaram a elevada especificidade dos anticorpos anti-centrómero para a ES (6). A percentagem de doentes com ES entre aqueles com Ac anti-centrómero foi de 25% para Pakunpanya K et al (8), 36% para Tsukamoto M et al (18), 55,9% para Alende-castro V et al (17), 67% para Roberts-Thomson PJ et al (26) e 70% para Miyawaki S et al (27). A divergência de resultados entre estes diferentes estudos poderá ser explicada pela variabilidade técnica mas também pela população estudada, pelo grau de suspeição clínica que motivou a pesquisa destes auto-Ac (probabilidade pré-teste) e pelos critérios adoptados para o diagnóstico de ES. O nosso estudo, embora limitado pelo pequeno número de casos com informação clínica disponível, apoia a ideia de que os anticorpos anti-centrómero não são específicos da ES. De facto, estes anticorpos foram descritos noutras doenças auto-imunes, incluindo a síndrome de Gougerot-Sjögren (28), o LES (29), a artrite reumatoide (30) e a colangite biliar primária (31). Além disso, podem ser observadas verdadeiras síndromes de sobreposição entre a ES e outra doença autoimune.

Serologicamente, os auto-Abs associados a diferentes doenças auto-imunes podem ser detectados concomitantemente no mesmo doente. No nosso estudo, os anticorpos anti-CENP-B positivos foram associados à deteção por imunodot de uma ou mais outras especificidades antigénicas em 31/61 casos, nomeadamente anti-Ro-52, anti-SS-A (associado à síndrome de Gougerot-Sjögren e ao LES) e anti-M2 (marcadores de colangite biliar primária). É de notar que o anti-CENP-B e o anti-Scl70 foram detectados concomitantemente em dois casos, enquanto que estes auto-anticorpos são descritos como mutuamente exclusivos (32). Também foi relatado que os anticorpos anti-centrómero estão associados à forma cutânea limitada da ES, ao contrário dos anticorpos anti-Scl70, que estão associados à forma cutânea difusa da doença (23). No entanto, a frequência de coincidência destes dois tipos de auto Ac é de 0,5 a 0,6% (33)(34). Dado que a positividade do Ac anticentromérico tem sido relatada em doentes com doenças auto-imunes (ES e outras), bem como em doentes com outras condições, alguns autores investigaram factores que podem determinar a relevância clínica do Ac anticentromérico. Alguns mostraram que títulos mais elevados de anticorpos anti-centrómero (por IFI em células Hep-2) foram mais frequentemente observados no grupo de doenças auto-imunes do que no grupo de doenças não auto-imunes, embora a diferença não fosse estatisticamente significativa (8). Outros observaram que os níveis de Ac anti-CENP-B por ELISA eram significativamente mais elevados no grupo ScS em comparação com os outros grupos de doenças (27). Neste último estudo, foi também observado que a positividade isolada de Ac anti-centromérico era mais frequente em doentes com ScS e sem síndroma de sobreposição, enquanto que os Ac anti-centroméricos associados a outras especificidades de NAA eram mais frequentemente observados em doentes com outras doenças ou síndromes de sobreposição (27). Tsukamoto M et al salientaram a importância da apresentação inicial na determinação da entidade clínica (18): nos doentes diagnosticados com uma doença autoimune, o fenómeno de Raynaud, a esclerodactilia, a anemia e a trombocitopenia foram significativamente mais frequentes; os níveis de imunoglobulinas IgG, IgA e IgM foram significativamente mais elevados (18). É de notar que, no contexto do fenómeno de Raynaud isolado, os anticorpos anti-centrómero são preditivos da progressão para esclerodermia. Estes anticorpos estão particularmente associados à síndrome CREST, uma forma clínica de ES limitada que associa calcinose subcutânea, fenómeno de Raynaud, dismotilidade esofágica, esclerodactilia e telangiectasia, onde são encontrados em 57 a 82%

dos casos (35). Assim, a interpretação de um anticorpo anti-centromérico positivo deve ter em conta o título destes anticorpos, o facto de serem positivos isoladamente ou em associação com outros auto-anticorpos e, sobretudo, o contexto clínico.

CONCLUSÃO

Os anticorpos anti-centrómero fazem parte dos NAAs, que são os auto-anticorpos mais frequentemente prescritos. Os anticorpos anti-centrómero podem ser detectados por IFI em células Hep-2 (aspeto especial de fluorescência) e por imunodot utilizando a proteína CENP-B como antigénio alvo. O nosso objetivo foi avaliar a concordância destas duas técnicas imunológicas e determinar o significado clínico da positividade dos anticorpos anti-centrómero detectados por estas técnicas. Realizámos um estudo retrospetivo durante um período de 2 anos (janeiro de 2020 a dezembro de 2021). Listamos os pedidos de teste de soro para AAN enviados ao Laboratório de Imunologia do Hospital Universitário Habib Bourguiba em Sfax que foram submetidos à triagem IFI em células Hep-2 e à tipagem de imunodot. Incluímos doentes que apresentavam uma positividade de Ac anti-centromérico por IFI e/ou imunodot. Estas duas técnicas foram efectuadas utilizando os kits comerciais "IIFT: HEp-2" e "Euroline ANA Profile 3 plus DFS70 (IgG)", respetivamente. Durante o período de estudo, foram incluídos 63 casos de anticorpos anti-centrómero positivos (por IFI e/ou immunodot), representando 2,1% dos testes NAA (IFI+imunodot). A idade média foi de 39,7 anos; a proporção entre os sexos foi de 7 homens/56 mulheres. Em 31,7% dos casos, os pedidos foram encaminhados pelo serviço de medicina interna. Os títulos de NAA variaram entre 1/160 (1,5%) e 1/1280 (61,9%). Os resultados das análises dos anticorpos anti-centrómero (por IFI) e dos anticorpos anti-CENP-B (por imunodot) foram concordantes em 18 casos (anticorpos anti-centrómero positivos por ambas as técnicas), mas também em 2937 casos não incluídos no nosso estudo (anticorpos anti-centrómero negativos por ambas as técnicas), ou seja, concordância entre as duas técnicas em 98,5% dos casos. As discrepâncias foram 2 casos IFI+/imunodot- e 43 casos IFI-. /imunodot+. Nestes 43 casos, o aspeto do NAA na IFI era mosqueado (34 casos), speckle nucleolar (6 casos) ou homogéneo (3 casos); os anticorpos anti-CENP-B eram fracamente positivos (26 casos), positivos (7 casos) ou fortemente positivos (10 casos). Em 30 casos, não foi detectada qualquer especificidade para além do CENP-B por imunodot. Nos restantes casos, as especificidades mais frequentemente associadas foram anti-Ro52 (n=10), anti-SSA (n=7), anti-M2 (n=7) e anti-DFS70 (n=7). A positividade do Ac anti-CENP-B em 2 ou 3 cruzes foi significativamente mais frequente no caso de IFI + (15/18; 83,3%) do que no caso de IFI- (17/43; 39,5%) (p=0,002). Não houve diferença significativa entre os dois grupos na associação de anticorpos anti-CENP-B com outras especificidades antigénicas no imunodot (55,6% versus 53,5%; p=0,883). Dos 18 doentes para os quais havia informação clínica disponível, 3 foram diagnosticados como tendo uma doença do tecido conjuntivo (ES, LES, artrite reumatoide). Os nossos resultados são consistentes com a literatura no que diz respeito à frequência da deteção de rotina de Ac anticentroméricos, à predominância do sexo feminino nos doentes seropositivos para estes Ac, à heterogeneidade dos sinais clínicos encontrados e à boa concordância entre as técnicas IFI e immunodot. A IFI, indicada como método de primeira linha para o rastreio dos NAA, tem várias vantagens, mas também algumas limitações (dependência do operador; um aspeto da fluorescência pode ser mascarado por outro). O Immunoblot é útil para confirmar a especificidade antigénica, dentro dos limites dos antigénios utilizados (no nosso estudo, apenas foram detectados anticorpos anti-CENP-B). Outras técnicas, como o ELISA, podem ser utilizadas por rotina. No que diz respeito à sua relevância clínica, os anticorpos anti-centrómero têm sido reportados como marcadores específicos de ES; no entanto, a sua especificidade tem sido contestada por alguns autores. O nosso estudo, embora limitado pelo pequeno número de casos com informação clínica disponível, apoia a ideia de que os Ac anti-centroméricos não são específicos da ES e podem ser detectados noutras doenças auto-imunes (incluindo o LES, a A relevância clínica da positividade dos anticorpos anti-centroméricos depende do título do anticorpo anti-centromérico, se está isolado ou associado a outros auto-anticorpos e, acima de tudo, do contexto clínico. A relevância clínica de um anticorpo anti-centrómero positivo depende do título destes anticorpos, do facto de serem positivos isoladamente ou em associação com outros auto-anticorpos e, sobretudo, do contexto clínico. Neste trabalho, reiteramos a importância do domínio das técnicas imunológicas. O conhecimento das vantagens e limitações de cada técnica ajuda a explicar as discrepâncias encontradas na prática. A comparação dos resultados com a informação clínica é necessária para uma melhor interpretação, sublinhando a importância do diálogo clínico-biólogo.

REFERÊNCIAS

1. Pasquali J, Goetz J. O que deve ser feito na presença de anticorpos antinucleares em adultos? In: Lúpus eritematoso. 2013. p. 103.

2. Masson C, Bouvard B, Houitte R, Petit A, Manach L, Hoppe E, et al. Interesse clínico dos anticorpos antinucleares: A expetativa do reumatologista durante as doenças sistémicas. Rev Francoph des Lab. 2006;(384):71-6.

3. Bossuyt X, Meroni PL. Compreender e interpretar os testes de anticorpos antinucleares nas doenças reumáticas sistémicas. Nat Rev Rheumatol [Internet]. 2020; Disponível em: http://dx.doi.org/10.1038/s41584-020- 00522-w

4. Goulvestre C. Anticorpos antinucleares. Presse Med. 2006;35(2):287-95.

5. Lassoued K, Coppo P, Gouilleux-Gruart V. Place of antinuclear antibodies in clinical practice? Réanimation [Internet]. 2005;14(7):651-6. Disponível em: http://linkinghub.elsevier.com/retrieve/pii/S1624069305001829

6. Roberts-Thomson P. Especificidade dos anticorpos anti-centrómero

para a esclerodermia. Rheumatol Int. 2007;28:197-8.

7. Kaaouch H, Bhallil O. Anticorpos anti-centrómero e doenças auto-imunes associadas. Qatar Med J. 2023;2023(2):1-2.

8. Pakunpanya K, Verasertniyom O, Vanichapuntu M, Pisitkun P, Totemchokchyakarn K, Nantiruj K, et al. Incidência e correlação clínica do anticorpo anticentrómero em doentes tailandeses. Clin Rheumatol. 2006;25(3):325-8.

9. Meroni PL, Schur PH. Rastreio de ANA: um teste antigo com novas recomendações. Ann Rheum Dis [Internet]. 2010;69(8):1420-2. Disponível em: http://www.ncbi.nlm.nih.gov/pubmed/20511607

10. Damoiseaux J, Eduardo L, Andrade C, Carballo OG, Conrad K, Luiz P, et al. Relevância clínica dos padrões de imunofluorescência indireta HEp-2: a perspetiva do Consenso Internacional sobre padrões ANA (ICAP). 2019;879- 89.

11. Stochmal A, Czuwara J, Trojanowska M, Rudnicka L. Anticorpos antinucleares na esclerose sistémica: uma atualização. Clin Rev Allergy Immunol. 2019;2-8.

12. Kajio N, Takeshita M, Suzuki K, Kaneda Y, Yamane H, Ikeura K, et al. Anticorpos anti-centrômero têm como alvo o macrocomplexo

centrômero - cinetocoro: um perfil abrangente de autoantígeno. 2021;651-9.

13. Bonroy C, Praet J Van, Smith V, Steendam K Van, Mimori T, Deschepper E, et al. Otimização e desempenho de diagnóstico de um único lineblot multiparâmetro na investigação serológica da esclerose sistémica. J Immunol Methods [Internet]. 2012;379(1-2):53-60. Disponível em: http://dx.doi.org/10.1016/j.jim.2012.03.001

14. Mahler M, You D, Baron M, Taillefer SS, Hudson M, Scleroderma C, et al. Anticorpos anti-centrómero numa grande coorte de doentes com esclerose sistémica: Comparação entre imuno-fl uorescência, CENP-A e CENP-B ELISA. Clin Chim Ata [Internet]. 2011;412(21–22):1937–43. Disponível em: http://dx.doi.org/10.1016/j.cca.2011.06.041

15. Alkema W, Koenen H, Kersten BE, Kaffa C, Dinnissen JWB, Damoiseaux JGMC, et al. Perfis de autoanticorpos na esclerose sistémica; uma comparação de testes de diagnóstico. Autoimunidade [Internet]. 2021;54(3):148-55. Available from: https://doi.org/10.1080/08916934.2021.1907842

16. Bost C, Fortenfant F, Antoine B, Pugnet G, Renaudineau Y. A combinação do immunodot multi-antigénico com a

imunofluorescência indireta em células HEp-2 melhora o diagnóstico da esclerose sistémica. Clin Immunol. 2021;229(June).

17. Alende-castro V, Vázquez-triñanes C, Rodríguez-fernández S. Significância dos anticorpos anti-centrómero. Int J Med Sci Heal Res. 2020;4(03):147-58.

18. Tsukamoto M. A apresentação inicial determina a entidade clínica em doentes com positividade para o anticorpo anti-centrómero. Int J Rheum Dis. 2018;(agosto):1-5.

19. Le Guern V. As hormonas sexuais e a autoimunidade. La Press Médicale Form[Internet].2020;1(1):36-41.Disponível em: https://doi.org/10.1016/j.lpmfor.2020.03.019

20. Miquel CH, Youness A, Guéry JC. Predomínio feminino nas doenças auto-imunes: Os linfócitos têm um sexo? Rev du Rhum Monogr. 2021;88(1):3-7.

21. Moroi Y, Peebles C, Fritzler MJ, Steigerwald J, Tan EM. Autoanticorpo para centrómero (cinetocoro) em soros de esclerodermia. Proc Natl Acad Sci U S A. 1980;77(3 I):1627-31.

22. Van Den Hoogen F, Khanna D, Fransen J, Johnson SR, Baron M, Tyndall A, et al. Critérios de classificação de 2013 para a esclerose

sistémica: Uma iniciativa colaborativa do Colégio Americano de Reumatologia/Liga Europeia contra o Reumatismo. Ann Rheum Dis. 2013;72(11):1747-55.

23. Hamaguchi Y, Takehara K. Autoanticorpos antinucleares na esclerose sistémica: Novidades e perspectivas. J Scleroderma Relat Disord. 2018;3(3):201-13.

24. Salah R Ben, Frikha F, Hachicha H, Chabchoub I, Dammak C, Snoussi M, et al. Perfil clínico e serológico da esclerose sistémica na Tunísia: Um estudo observacional retrospetivo. Presse Med [Internet]. 2019; Disponível em: https://doi.org/10.1016/j.lpm.2019.07.037

25. Damoiseaux J, Potjewijd J, Smeets RL, Bonroy C. Autoanticorpos nos critérios de doença para a esclerose sistémica: A necessidade de especificação para uma aplicação óptima. J Transl Autoimmun [Internet]. 2022;5(January):100141. Disponível em: https://doi.org/10.1016/j.jtauto.2022.100141

26. Roberts-Thomson PJ, Nikoloutsopoulos T, Cox S, Walker JG, Gordon TP. Testes de anticorpos antinucleares num laboratório regional de imunopatologia. Immunol Cell Biol. 2003;81(5):409-12.

27. Miyawaki S, Asanuma H, Nishiyama S, Yoshinaga Y.

Heterogeneidade clínica e serológica em doentes com anticorpos anticentrómero. J Rheumatol. 2005;32(8):1488-94.

28. Bournia VK, Diamanti KD, Vlachoyiannopoulos PG. Síndrome de Sjögren positiva para anticorpos anticentrómero: uma análise descritiva retrospetiva. Arthritis Res Ther. 2010;12.

29. Respaldiza N, Wichmann I, Ocan C. Anticorpos anti-centrómero em doentes com lúpus eritematoso sistémico. Scand J Rheumatol. 2006;35:290-4.

30. Kuramoto N, Ohmura K, Ikari K, Yano K, Furu M, Yamakawa N, et al. O anticorpo anti-centrómero apresenta níveis de distribuição específicos entre os anticorpos anti-nucleares e pode caraterizar um subconjunto distinto na artrite reumatoide. Sci Rep. 2017;7(1):1-8.

31. Liberal R, Grant CR, Sakkas L, Bizzaro N, Bogdanos DP. Diagnostic and clinical significance of anti-centromere antibodies in primary biliary cirrhosis. Clin Res Hepatol Gastroenterol [Internet]. 2013; Disponível em: http://dx.doi.org/10.1016/j.clinre.2013.04.005

32. Kikuchi M, Inagaki T. Estudo bibliográfico sobre a existência simultânea de anticorpos anticentrómero e antitopoisomerase I. Clin Rheumatol. 2000;19:435-41.

33. Dick T, Mierau R, Bartz-Bazzanella P, Alavi M, Stoyanova-Scholz M, Kindler J, et al. Coexistência de anticorpos antitopoisomerase I e anticentrómero em doentes com esclerose sistémica. Ann Rheum Dis. 2002;61:121-7.

34. Heijnen IAFM, Foocharoen C, Bannert B, Carreira PE, Caporali R, Smith V, et al. Significado clínico da coexistência de anticorpos antitopoisomerase I e anticentrómero em doentes com esclerose sistémica: um estudo baseado no grupo EUSTAR. Exp Rheumatol. 2013;(11):96-102.

35. Admou B, Essaadouni L, Amal S, Arji N, Chabaa L, Aouad R El. Autoanticorpos na esclerodermia sistémica: interesse clínico e abordagem diagnóstica. Ann Biol Clin. 2009;67(3):273-81.

RESUMO

Os anticorpos anti-centrómero (ACA) podem ser detectados por imunofluorescência indireta (IFI) ou imunodot (ID). O nosso objetivo foi avaliar a concordância IFI/ID e a relevância clínica dos ACA. Foram incluídos doentes com ACA positivo por IFI em células Hep-2 e/ou por ID. Foram detectados ACAs em 63 casos (2,1% dos testes IFI+ID). Os ACA foram positivos por IFI e ID em 18 casos. As discrepâncias foram 2 casos de ACA-IFI+/ACA-ID- e 43 casos de ACA-IFI-/ACA-ID+. Nestes 43 casos, o aspeto da fluorescência nuclear (IFI) era salpicado (34), salpicado nucleolar (6) ou homogéneo (3); o ACA (ID) era fracamente positivo (26), positivo (7) ou fortemente positivo (10). O diagnóstico de uma doença do tecido conjuntivo (esclerodermia sistémica, lúpus eritematoso sistémico, artrite reumatoide) foi feito em 3 dos 18 doentes com informação clínica. A IFI em células Hep-2 tem algumas limitações (dependente do operador; um aspeto da fluorescência pode ser mascarado por outro). A ID é útil para confirmar a especificidade antigénica, dentro dos limites dos antigénios utilizados. A interpretação destes testes depende do contexto clínico.

Printed by Books on Demand GmbH, Norderstedt / Germany